未来工程师

信息桥梁 的 奇妙连接

田力 编著

北方妇女儿童出版社

·长春·

图书在版编目（ＣＩＰ）数据

信息桥梁的奇妙连接 / 田力编著 . -- 长春：北方
妇女儿童出版社 ,2025. 7. -- (未来工程师). -- ISBN
978-7-5585-9286-7

Ⅰ . TN91-49

中国国家版本馆 CIP 数据核字 第 20255QY140 号

信息桥梁的奇妙连接
XINXI QIAOLIANG DE QIMIAO LIANJIE

出 版 人	师晓晖
策 划 人	陶　然
责任编辑	庞婧媛
开　　本	889mm×1194mm　1/16
印　　张	4
字　　数	50 千字
版　　次	2025 年 7 月第 1 版
印　　次	2025 年 7 月第 1 次印刷
印　　刷	长春新华印刷集团有限公司
出　　版	北方妇女儿童出版社
发　　行	北方妇女儿童出版社
地　　址	长春市福祉大路 5788 号
电　　话	总编办：0431-81629600
	发行科：0431-81629633
定　　价	21.80 元

前　言

通信是人类科技文明的重要组成部分，也是人类文明发展史中一个永不过时的话题。通信系统传送的是消息，而消息通常表现为语音、图像、文字等多种形式。早在远古时期，人类就通过简单的语言、图画、钟或者鼓，以及烟火等方式传递信息，我们熟知的烽火狼烟、飞鸽传书、驿站邮递等都是早期人类通信技术的佐证。

19世纪中叶后，得益于电报、电话的发明，以及科学家们对电磁波的认识和发现，人类的通信手段从根本上发生了改变。1837年，美国人莫尔斯展示了世界上第一台电磁式电报机。1864年，麦克斯韦预言了电磁波的存在。1876年，贝尔发明了世界上第一部电话机。1901年，马可尼成功实现了跨大西洋两岸的无线电通信。此后，人类的通信技术借着世界科技大进步的东风不断提升，通信的效率越来越高，通信方式越来越便捷，通信的内容越来越丰富。广播、传真机、电视机、电子计算机、人造卫星、集成电路、互联网等新事物喷涌而出，数字语音通信、卫星通信、蜂窝网移动通信、光纤通信等新概念为人类打开一扇扇了解世界的新大门。特别是随着个人计算机的普及和网络技术、移动通信等技术的发展，到今天我们已经实现了足不出户，也能随时随地与其他用户实时通信，拥有了真正意义上的"千里眼"和"顺风耳"。

通信技术的进步不仅拉近了人与人之间的距离，更深刻地改变了社会面貌，影响了人类的生活方式，它在这个过程中为世界带来的巨大变化，也成为了人类不断进行科技创新的动力之一。

目 录

早期的通信方式 ……………………………1

电报的诞生 …………………………………2

信号与符号 …………………………………4

电话的发明和发展 …………………………6

无线电通信技术问世 ………………………8

广播：用声音改变世界 ……………………10

电视的魅力 …………………………………12

卫星通信的崛起 ……………………………14

互联网：连接世界的网络 …………………16

移动通信的演进：从 1G 到 2G……………18

数字时代的开始：3G 网络 ………………20

智能手机的普及：4G 网络 ………………22

5G 技术：更快的速度，更广的连接 ………24

未来的通信：探索 6G ························26

光纤通信：数据的高速传输 ···············28

Wi-Fi 技术：无线网络的便捷 ···········30

蓝牙技术：短距离无线通信 ···············32

NFC 技术：近场通信的应用 ···············34

GPS 系统：全球定位技术 ·················36

社交媒体：新时代的通信方式 ···········38

网络安全：保护信息安全 ·················40

人工智能在通信中的应用 ·················42

物联网：设备的互联互通 ·················44

无人机与通信技术 ·······················46

无线电频谱与频率分配 ···················48

数字电视与广播技术 ·····················50

电子邮件的演变 ·························52

通信协议：语言的规则 ···················54

展望未来的通信技术 ·····················56

早期的通信方式

从最初的简单信号到复杂的电子系统，通信的发展中闪耀着人类的智慧之光。回顾通信的历史就像回溯人类文明发展的脉络，能够感受到人类文明的脉动和智慧的火花。

最初的通信方式

通信的目的是传递信息，早期人类由于没有语言和文字，这一目的主要借助手势、面部表情、声音等来实现。后来，人们发明了结绳记事，再后来火光、烟雾、鼓声、飞鸽传书、驿站传递等成为了古人进行远距离信息传送的常用方式。

◀ 信鸽

▶ 结绳记事

你知道吗？

哪一种通信形式效率最高？
A. 信使　　B. 电报
C. 烽火台　D. 飞鸽传书

答案：B

▲ 美洲原住民燔燧来传递讯息

▲ 19世纪的英国邮递员

电报的出现

电报的发明彻底改变了人类的通信方式，使神话传说中的"顺风耳"变成了现实。电报能将人们要传递的文字信息以电信号的形式传递出去，大大提升了信息传递的效率。

电报的诞生

在历史上，书信是一种主要的通信方式。人们通过书写来记录信息，并通过信使将信件传递到远方。而随着电报的发明，信息传递的速度和效率实现了前所未有的提升。

电报机

电报机是实现"书信到电报"这一转变的重大发明。19世纪中叶，美国画家莫尔斯发明了世界上第一台电报机，开启了人类利用电来传递信息的历史。

◀早期的电报系统都使用单针系统，这是一种非常简单而坚固的仪器。然而，它传递信息的速度很慢，因为接收操作员必须交替查看指针和写下信息。

▶电报键和发声器。当按下电报键时，信号为"on"；松开时，信号为"off"。滴和答的长度和时间完全由电报员控制。

莫尔斯电报机

莫尔斯电报机的发报机由电键和一组电池组成，收报装置由一只电磁铁和相关附件组成。当电流通过时，收报装置中的电磁铁会产生磁性，并通过由电磁铁控制的笔在纸上记录下不同的信号。

莫尔斯电码

19 世纪中叶，莫尔斯电码被广泛应用于电报通信中。它通过人工摁动电键启闭电流和摁键时间的长短来实现信号传输，这些信号由一系列的点（短信号）和划（长信号）组成，每种组合代表不同的字母和数字，通过不同的信号组合就可以传递信息。

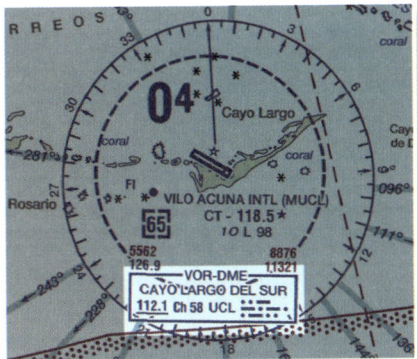

国际莫尔斯电码

1. 一点的长度是一个单位。
2. 一划是三个单位。
3. 在一个字母中点划之间的间隔是一点。
4. 两个字母之间的间隔是三点（一划）。
5. 两个单词之间的间隔是七点。

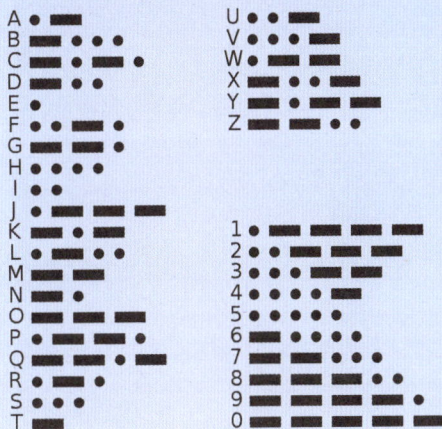

▲ 在航空领域，飞行员使用无线电设备进行通信。为了确保飞行员使用的电台可以使用，电台会以莫尔斯电码传输一组识别字母（通常是电台名称的两到五个字母版本）。航站识别字母显示在空中导航图上，例如，位于古巴南拉戈岛维洛阿库尼亚机场的 VOR–DME 被标识为 "UCL"。

▶ 2015 年美国海军莫尔斯电码培训班。水手们将利用他们的新技能来收集信号情报。

颠覆性的转变

利用莫尔斯电码，电报机可以将信息以电信号的形式快速传递出去。这标志着通信方式从传统的慢速书信邮寄转向高效的电子传输，极大地加速了信息流通，改变了社会的通信方式和节奏，为现代通信技术奠定了基础。

你知道吗？

电报在通信历史上的重要性体现在哪里？

A. 是第一种书面通信方式
B. 允许即时长距离通信
C. 是第一种无线通信技术
D. 用于传递图像

答案：B

信号与符号

通信是传输与交换信息的过程，无线电报的兴起，让信息传递也发生了革命性的巨变。近现代通信技术以电通信为主要方式，并以无线电信号等作为传递信息的载体。

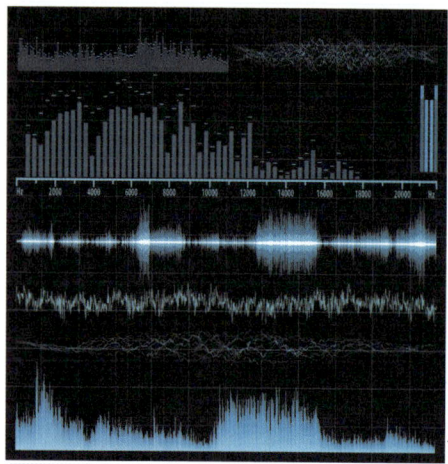

▲信号是声波等载体

模拟信号与数字信号

信号可以是模拟的或数字的。模拟信号连续变化，如传统电话声音；数字信号则以二进制形式出现，如计算机数据。

▼传统电话声音是模拟信号

信号与符号

信号是信息的载体，通过信号的变化能够传递和表达不同的信息。在近现代通信技术中，信号可以是声波、电磁波或任何可以携带信息的载体。符号则是信号中所携带的具体信息，可以是文字、数字、声音或图像。

▲符号是图像或者声音等具体信息

▼计算机数据是数字信号

信号的传输

信号传输可以通过有线或无线方式来实现。有线通信如电话线和光缆，无线通信则包括无线电波和卫星信号。

▶光缆（上），通信卫星（下）

编码与解码

通信的过程涉及编码和解码。发送方将信息转化为符号（编码过程），通过信号发送，接收方再将这些符号转化回原始信息（解码过程），通过编码和解码这两个环节，以无线电信号等为载体的信息就能转化为语音、文字或图像等可以被人们理解的符号。

惊人的事实

旗语是一种古老的通信方式，主要通过不同颜色、形状和排列方式的旗子来发送特定的信息或信号。每种旗帜的摆放方式都代表着一个特定的字母、数字或预定的信息。

5

电话的发明和发展

电话的发明是通信历史上的一次革命，这一革命性的创造，首次使得实时语音通信跨越了时空的限制，开启了人类沟通的新纪元。

电话的诞生

1876 年，亚历山大·格拉汉姆·贝尔成功发明了电话。这是一种能够传输和接收声音的远程通信设备，它让远距离的对话成为现实，极大地便利了人与人之间的交流。

▲ 亚历山大·贝尔

电话网络的建立

电话通信是通过声能与电能的转换，利用"电"作为媒介来传输语音信息的通信技术，其主要原理为声波振动传输到送话器并产生话音电流，话音电流沿着线路传送到对方电话机的受话器内，受话器将电流转化为声波，从而使人听到声音。在电话通信过程中，线路是重要的组成部分。电话诞生后，遍布城市角落的电话线形成了广泛的电话网络。

▼ 1892 年，贝尔在纽约至芝加哥长途线路开通现场。

▼ 电话网

电话的进步

20 世纪中叶，电话技术经历了多次重大改进，出现了无绳电话、数字电话。不仅电话设备变得越来越轻巧、便捷，通话质量也得到了很大提高。

移动电话的革命

20 世纪 80 年代，移动电话的出现给通信领域带来了新的改变。它使得人们几乎能够在任何地方进行通信，极大地提高了通信的便利性和灵活性。

你知道吗？

电话的发明者是谁？
A. 托马斯·爱迪生
B. 亚历山大·贝尔
C. 尼古拉·特斯拉
D. 吉列尔莫·马可尼

答案：B

无线电通信技术问世

　　无线电的发明开启了一个全新的通信时代，它不仅改变了信息的传输方式，也为后续通信技术的进步奠定了基础。无线电让声音和数据摆脱了物理线缆的限制，实现了真正意义上的无界沟通。

这些都叫电通信

　　电报、电话和无线电通信都是利用"电"来传递消息的，统称为电通信。电通信的通信系统主要由信源、发送设备、信号、接收设备和收信者组成。

电通信的分类

　　电通信一般分为有线电通信和无线电通信两大类。前者要依赖传输线路传递电信号，后者则是将电信号"搭载"在无线电波上，经空间和地面传给对方，是一种利用无线电波在空间传输信息的通信方式。

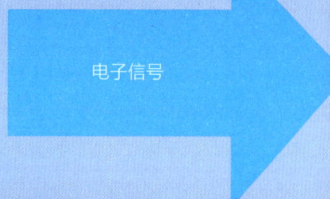

信号　　　　换能器　　　　电子信号

接

▲无线电通信过程。声音等信息由麦克风等换能器转换为电信号，该电信号经调制发射器转换为无线电波。接收器拦截无线电波并提取承载信息的调制信号，该信号通过另一个换能器（例如扬声器）转换回人类可用的形式。

电磁波

无线电波的发现

　　19 世纪末，意大利物理学家马可尼首次成功地实现了无线电波的传输。无线电波是电磁波的一种，能够在空气中传播，不需要物理介质。

▶马可尼展示他在 19 世纪 90 年代首次进行长途无线电传输时使用的设备

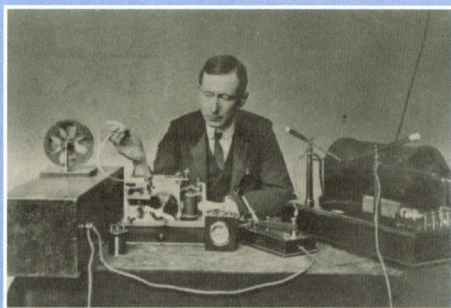

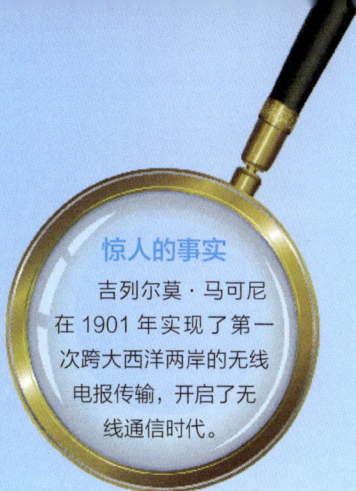

惊人的事实

吉列尔莫·马可尼在 1901 年实现了第一次跨大西洋两岸的无线电报传输，开启了无线通信时代。

▲ 1901 年，马可尼在自己家里建立了一个无线发射站，作为英格兰康沃尔的波尔杜和爱尔兰的克利夫登之间的连接站。随后，他宣布位于纽芬兰圣约翰市（现为加拿大的一部分）的信号山在 1901 年 12 月 12 日收到了无线电信号，他利用了一根由风筝牵引的长达 500 英尺（约合 150 米）的天线，接收到位于英格兰康沃尔郡波尔杜发送的信号。

子信息处理机  信号发射机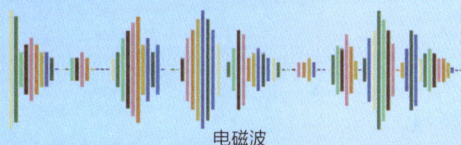

电磁波

电子信号 换能器 信号

无线电通信的发展

　　早期的无线电主要用于军事和海上通信，它极大地提高了船舶间以及船舶与陆地间的通信效率。后来，无线电逐渐应用于广播、新闻传播和公共安全等领域，为现代电视、移动电话和卫星通信等技术的发展奠定了基础。

广播：用声音改变世界

电报、电话提供的是点对点的个体之间的交流与沟通，而广播提供的是点对面的个体与群体之间的信息传播。自从广播诞生后，人们通过小小的收音机见证了一个又一个历史事件的发生，广播也由此融入了千家万户的日常生活。

◀纽约 NBC 演播室正在播出一场现场广播剧。20 世纪 20 年代到 40 年代，大多数的广播节目都是现场直播的。

广播的不同类型

通过无线电波或通过导线向广大地区或一定区域传送声像节目的，称为广播。通过无线电微波传送节目的，称为无线广播；通过电缆或导线传送节目的，称为有线广播；通过人造卫星转发传送节目的，叫卫星广播；现在还有一些通过因特网传送节目的，叫网上广播。

◀现代演播室

最早的广播节目

1906 年，美国匹兹堡大学物理学家教授费森登利用无线电波传送和接收声音，在圣诞节前主持播出了世界上第一次语言广播。1916 年，被称为"无线电之父"的美国发明家李·德福雷斯特在纽约广播了总统竞选的得票数字，这被称为美国的第一次新闻广播。

▶图为李·德福雷斯特在电台播放哥伦比亚留声机唱片

调频广播出现

1928—1933年，美国无线电专家埃德温·霍华德·阿姆斯特朗发明了宽带调频体制，调频广播随之出现。

▶ 埃德温·霍华德·阿姆斯特朗

调频和调幅广播

调幅和调频，是通信系统、广播电视系统常用的两种调制方式。调幅就是让载波的幅度随着调制信号而改变，缩写为 AM，特点是频率比较低，传输距离远，由于频带比较窄，所以音质一般。调频是让载波的频率随着调制信号而改变，缩写为 FM，信号覆盖范围小，音质比调幅要好。

▲ 阿姆斯特朗在美国新泽西州阿尔派恩建造了一座发射塔，并资助第一个调频广播电台 W2XMN 的示范运营。

▶ 收音机符合 AMAX 标准可以显示一个"立体声"的认证标志

你知道吗？

以下选项中哪一个不属于广播类型之一？
A. 无线广播   B. 网上广播
C. 调频广播   D. 卫星广播

答案：C

▶ 1940 年，通用电气进行了一次实验演示。在百万伏特电弧的干扰下，调幅接收器产生了静电的轰鸣声，而调频接收器则清晰地复制了阿姆斯特朗在新泽西的调频发射机的音乐节目。

电视的魅力

　　电视的发明和普及，标志着视觉通信的一次重大革命。这项创新技术让观众得以窥见一个更广阔、更丰富多彩的世界，它将画面和声音完美结合并带入千家万户，为人类的信息交流注入了新的活力。

▲ 1925 年，贝尔德和他的电视设备以及假人"詹姆斯"和"斯托基·比尔"（右）。

黑白电视与彩色电视

　　最早的电视机，画面是黑白色的，这是因为这时期的电视机荧光屏上仅仅能重现被摄景物的亮度差别，所以呈现的是黑白图像。彩色电视机因为能重现被摄景物的亮度差别，同时还能还原出被摄景物的色调与饱和度，所以呈现出的是彩色图像。

电视登上历史舞台

　　20 世纪 20 年代，英国电子工程师约翰·贝尔德发明了电视。1928 年，美国的一家电视台率先播出世界上第一部电视片，电视从此走进人们的生活，开始了改变人类生活、思想和信息传播的历程。

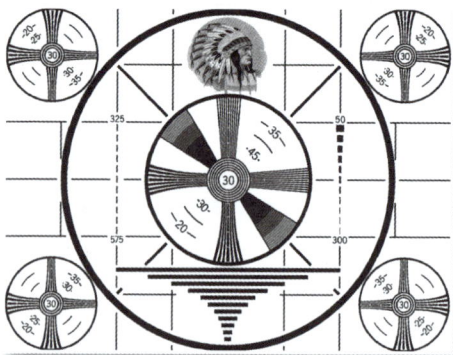

▲图为 20 世纪 30 年代末在美国出现，50 年代后期逐渐消失的黑白电视测试图案。

◀彩色电视测试图案中使用的颜色条，有时在没有可用的节目材料时使用。

模拟信号与噪点

从模拟信号到数字信号，是电视技术在从黑白到彩色之后的又一次重大变革。模拟信号时期，电视机需要外置天线来接收信号。如果信号比较差，显示屏上会出现一片"雪花"。"雪花"的学名叫"噪点"，是模拟视频信号中独有的一种现象。

▲黑白电视的噪点

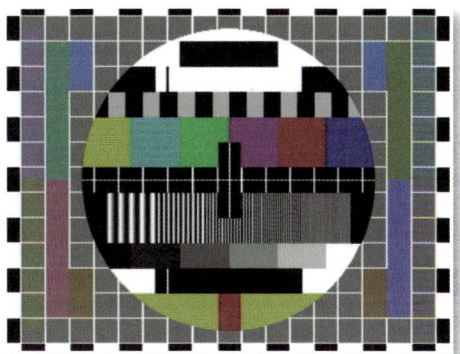

▲彩色电视信号测试图。与黑白电视信号相比，彩色电视除了传送亮度信号还要传送色度信号。为了保证兼容性，在彩色电视信号中必须将亮度和色度信号分开传送，以便使黑白电视和彩色电视能分别重现黑白和彩色影像。

▶数字电视和老式电视机

你知道吗？

电视的出现改变了哪个感觉系统接收通信信号的习惯？
A. 只有听觉
B. 听觉和视觉
C. 只有视觉

答案：B

数字电视

电视机按信号处理方式可以分成模拟电视和数字电视。电视信号用二进制数字编码后，会比原始的模拟信号具有更强的抗干扰能力，因此数字电视无论清晰度、稳定性等都比模拟电视更高。

13

卫星通信的崛起

通过地球轨道上的卫星，人类能够实现全球范围内的即时通信。无论是在国际新闻的快速传播、全球性的紧急响应，还是在跨国公司的日常运作中，卫星通信都发挥着不可替代的作用。

同步卫星

同步卫星一般在地球同步轨道上运行，这意味着它们相对于地球的位置保持不变，因为这一特性，同步卫星成为理想的通信和广播工具。

◀ Syncom，第一颗地球同步卫星。

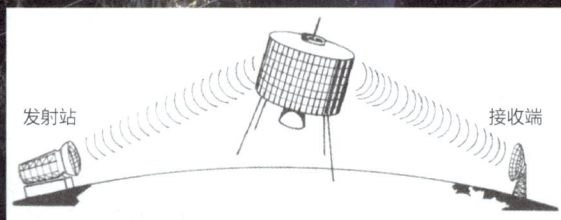

发射站　　　　　　　　　接收端

卫星通信的原理

卫星通信依赖于地球轨道上的通信卫星，这些卫星接收地面发射站发送的信号，然后将信号转发回地球上的不同地点。在空中、海洋、荒漠戈壁等地面无线网络难以覆盖的地方，卫星通信常常在危急时刻发挥关键作用。

卫星通信的应用

　　卫星通信提供的移动通信服务具有跨度大、距离远、机动性强、通信方式灵活等优点；是地面移动通信的必要补充和延伸，被广泛用于电视广播、电话服务、互联网接入以及全球定位系统（GPS）。

▲ 全球定位系统

卫星技术的发展

　　随着技术的进步，卫星通信变得越发高效和可靠。未来，随着 5G 技术的日益成熟，卫星通信将实现与 5G 融合，拓展空天地海一体化通信，集通信、导航、遥感等功能为一身的发展前景。

◀ 先进极高频通信卫星

互联网：连接世界的网络

在互联网的世界里，信息以光速在全球范围内流转，人们只需轻轻一点鼠标，便可瞬间触及世界的另一端。这种连接远非地理上的简单靠近，更是文化、思想和知识的交融与共享，它打破了传统的沟通界面，让不同国家、不同文化的人们能够轻松交流、合作。

◀网络交换机

▼路由器

▲服务器

全球化网络

互联网即我们熟知的因特网（Internet），又称网际网络，它是一个由交换机、路由器等网络设备、各种不同的连接链路、种类繁多的服务器和数不尽的计算机、终端组成的一个全球化网络。

▲计算机

▲智能终端

因特网的起源

因特网始于 20 世纪 60 年代末的美国，源自美国国防部一个叫阿帕网（ARPANET）的研究项目，这个项目旨在建立一个分布式网络，以提高通信系统的稳定性和效率。

因特网的特殊"协议"

要通过计算机来进行数据传输，必须确保数据传输目的地址准确，以及保证数据能够迅速可靠地传输。为了做到以上两点，因特网使用一种专门的计算机语言（协议），以保证数据安全、可靠地到达指定的目的地，这种协议分两部分，TCP(Transmission Control Protocol，传输控制协议）和IP(Internet Protocol，网间协议）。

▶ 网间协议

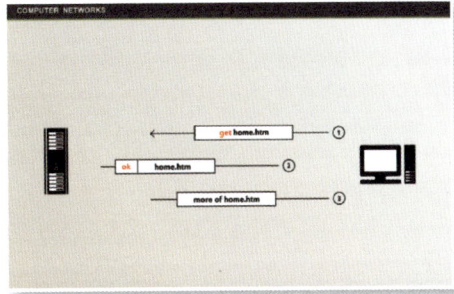

互联网、因特网与万维网

网址链接一般会以"WWW"开头，此即万维网，英文全称为 World Wide Web，简称 WWW。互联网、因特网、万维网三者中，互联网的范畴最广，凡是能彼此通信的设备组成的网络都叫互联网，而且互联网包含因特网，因特网又包含万维网。

▼ 万维网

你知道吗？

互联网最初是由哪个机构开发的？
A. NASA
B. 美国国防部
C. 微软

答案：B

移动通信的演进:
从 1G 到 2G

移动通信是指通信双方至少有一方处于运动状态的通信方式。移动通信早期多为应用于军事、海事、航空和铁路等特殊领域的专用系统，后来随着第一代蜂窝式移动通信（1G)出现，这一通信方式才逐步进入民用领域，并迅速普及。

移动通信诞生

20 世纪 70 年代后期，基于模拟技术的第一代移动通信系统的推出，标志着移动通信的诞生。我们经常听到的 1G、2G、3G、4G、5G 网络分别指以蜂窝式移动通信为代表的第一、二、三、四、五代移动通信系统，G 是指 Generation。

◀最早以蜂巢式基站网络在手机之间实现通信的电话网络，被称为第一代移动通信 (1G)。

从 1G 到 2G

第一代移动通信系统主要用于支持语音通话，覆盖范围和声音质量有限。90 年代初期，2G 时代到来，数字信号技术也被引入了移动通信系统。这一变革带来了更好的通话质量、更高的数据传输速率和更强的网络安全性，同时 2G 还支持短信服务，即 SMS，这在当时是一种全新的通信方式。

▶ 2G 系统支持短信服务

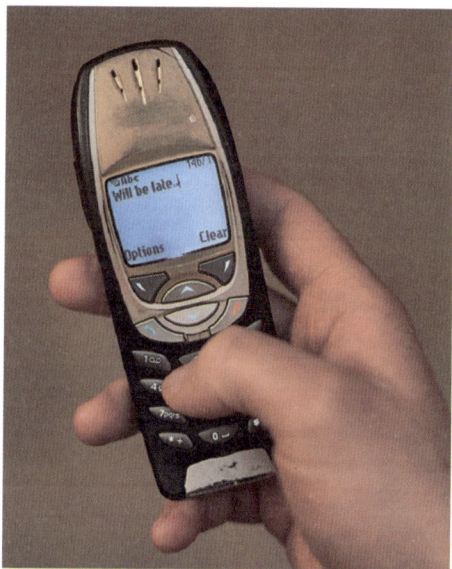

移动通信的影响

　　1G 和 2G 的出现极大地改善了人们的移动通信体验，使人们可以在移动过程中进行实时通信，为移动办公和远程交流打开了大门，也为后续移动互联网的发展铺平了道路。

◀ 2G 数字信号应用了降噪技术，较少受到白噪声和背景噪声的干扰，提高了通话质量。

▲ 2.5G 系统能够提供一些在 3G 中才有的特别功能，最常见的 2.5G 系统就是 GPRS 系统。

2.5G 通信技术

　　2.5G 移动通信技术是从 2G 迈向 3G 的衔接性技术，能够实现图片、铃声、短小的视频传输，也可以无线上网。GPRS、蓝牙（Bluetooth）等都是 2.5G 技术。

▶ 蓝牙

数字时代的开始：3G 网络

随着 3G 技术的推出，移动通信进入了一个全新的数字时代，为用户带来了更快的数据传输速度和更丰富的通信体验。在 3G 的世界里，数据以更快的速度在空中流动，用户开始享受到高速的互联网浏览、视频通话、流媒体播放等多媒体服务。

▲海蒂·拉玛（上）和乔治·安塞尔（下）

CDMA 技术催生 3G

20 世纪 40 年代，美国女演员海蒂·拉玛和作曲家乔治·安塞尔提出一个被称为"展布频谱技术"的概念。后来，美国高通公司在这个技术概念基础上开发出了"CDMA"这一新技术，CDMA 技术直接促成了 3G 的诞生。

▲ 3G 手机支持高质量的语音、分组数据、多媒体服务和多用户速率通信

3G 网络的革新

3G 网络在 21 世纪初期推出，相比于 2G，它提供了更高的数据传输速度，使得移动互联网和视频通话成为可能。3G 的出现标志着移动通信从简单的语音和短信服务向复杂的数据服务的转变。

3G 的应用

3G 技术的高速数据传输能力使得人们在使用移动设备时不仅能进行语音通话和短信，还能浏览网页、收发电子邮件、下载音乐和视频，甚至可以进行视频通话。

3G 与 2G

相比 2G，3G 在传输声音和数据的速度上有大幅提升，它能够在全球范围内更好地实现无线漫游，并处理图像、音乐、视频流等多种媒体形式，将无线通信与国际互联网等多媒体通信结合。

你知道吗?

3G 网络相比 2G 主要提高了什么?
A. 通话质量　B. 数据传输速度
C. 电池寿命　D. 设备兼容性

答案：B

3G

▲ 3G 移动电话已成为集语音通信和多媒体通信于一体的新一代移动通信系统

智能手机的普及：4G 网络

随着 4G 技术的推出和智能手机的普及，移动通信迈入了一个全新的高速数字时代。智能手机的普及，更是如同打开了一扇窗，让用户可以随时随地享受到这些高速数字服务，探索数字世界的无限可能。

▲在线游戏

4G 网络的特点

4G 网络提供了比 3G 更快的数据传输速度和更高的网络容量，移动互联网的体验变得更加流畅和丰富。高清视频通话、快速网页浏览、实时在线游戏和高效的移动办公，这些曾经难以想象的功能，在 4G 时代成为了现实。

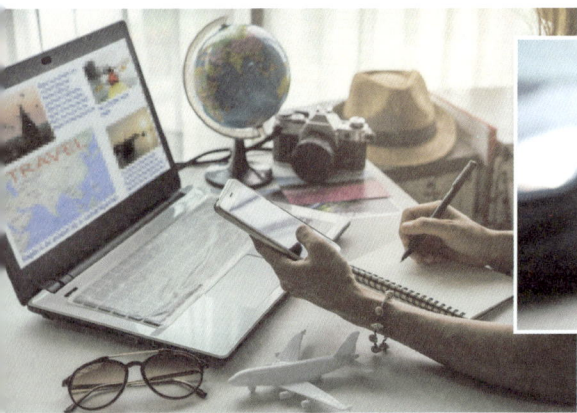

▲手机导航／路况／定位

▲快速网页浏览

▶ 4G 技术的静态数据传输速率达到 1Gbps，高速移动状态下可以达到 100Mbps。

智能手机的革命

智能手机的发展与 4G 技术的普及密切相关。这些设备不仅是通信工具，也成为了娱乐、社交、工作和个人信息管理的综合平台。

4G 与社会变革

4G 网络的普及极大地改变了人们的生活和工作方式。它使远程工作、在线教育和电子商务等成为日常生活的一部分，推动了社会的数字化转型。

▶ 在线教育

▲ 远程工作

通信技术的未来

4G 网络为移动互联网的发展奠定了基础，同时也为 5G 技术铺平了道路，预示着更加智能和互联的未来。

惊人的事实
4G 网络的一个重要特点是低延迟，这对于视频通话和在线游戏等应用至关重要，确保了流畅和实时的体验。

5G 技术：更快的速度，更广的连接

随着 5G 技术的华丽揭幕，移动通信进入了一片新天地。5G 技术的推出，就像是在通信的大海中掀起了一股强劲的潮流，引领着整个社会向着更快、更互联的未来航行。

◀自动驾驶

▼物联网

5G 网络的特性

5G 技术的主要特点包括极高的数据传输速度、极低的延迟和更广泛的连接能力，它的数据传输速度比有线互联网还快，网络延迟低于 1 毫秒，而 4G 的延迟为 30-70 毫秒。这些特性使得 5G 适用于各种新兴技术，如物联网、自动驾驶汽车和虚拟现实等。

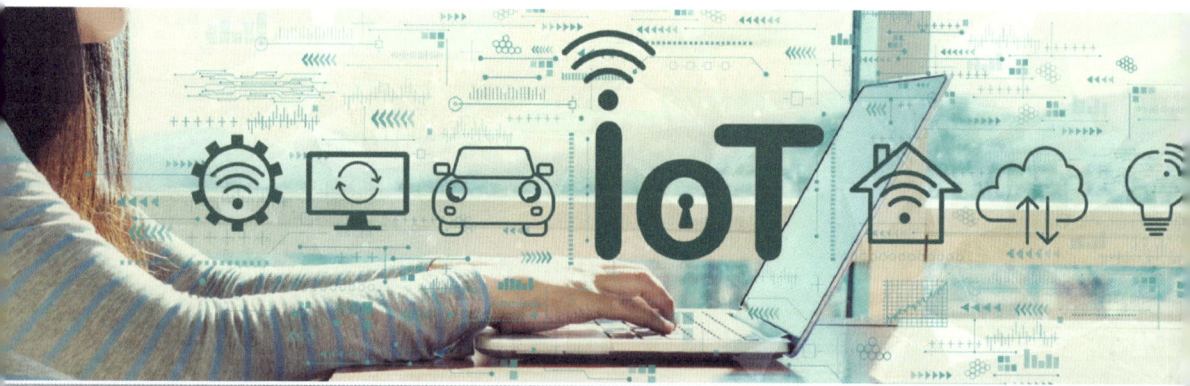

5G 与智能城市

5G 网络为智能城市的构建提供了关键技术支持。它能够连接大量设备和传感器，实现城市管理、交通监控和能源使用等方面的智能化。

◀交通物联网

5G 与产业变革

5G 技术预计将推动产业的巨大变革，特别是在制造业、医疗保健和媒体娱乐领域。它为远程操作、智能制造和在线娱乐等提供了更强的基础。

◀远程医疗

▲ 5G 具备传输效率快、传输数据量大等特性，可以被大量地应用在物联网领域。

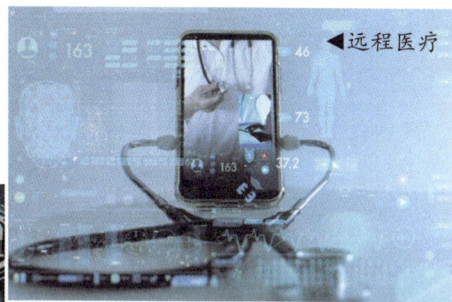

▲智能工厂

你知道吗？

5G 网络相比 4G，最大的改进是什么么？
A. 电池使用时间
B. 数据传输速度
C. 设备尺寸

答案：B

5G 的挑战与前景

5G 技术虽然前景美好，但也面临诸如网络覆盖、设备兼容性和安全隐患等方面的挑战，解决这些问题将是未来技术发展的关键。

▶ 新的技术会有新型的安全防护需求，需打破之前的认识，设计出合理有效的安全防护措施。

未来的通信：探索 6G

尽管 5G 网络的部署还在进行中，但科学家和工程师们已经开始探索下一代通信技术——6G。作为 5G 的继任者，6G 技术的突破预示着通信技术将进入一个更加高速、智能和互联的新时代。

广阔的前景

相较 5G，6G 的通信速度会更快，延时更低，未来 6G 的传输能力相比 5G 可能会提升 100 倍，网络延时也从毫秒级降到微秒级。这意味着全新的应用场景将得以实现，如更高级的虚拟现实、更广泛的物联网应用，乃至于未来可能出现的技术创新。

蜂窝网络逐代进化			
	年份	最高下载速度	下载 3GB 所需时长
1G	1979	2 Kbps	6 天
2G	1991	100 Kbps	2.5 小时
3G	1998	8 Mbps	2 分钟
4G	2008	150 Mbps	20 秒
5G	2018	10 Gbps	300 毫秒
6G	2030	1 Tbps	3 毫秒

▲未来，理想状态下，6G 的网速可能达到 1TB 每秒，网络延迟也将从毫秒级降到微秒级。

太赫兹波

太赫兹波是 6G 通信网络主要使用的通信波段，此频段位于微波与红外线之间，也叫"亚毫米波段"。未来突破 6G 技术的关键，就是解决太赫兹波传播的问题。

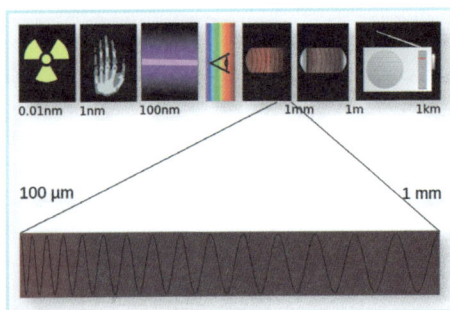

▲太赫兹波介于微波波段的终点与红外线波段的起点之间

6G 的挑战

6G 的研发和实施面临许多技术和政策挑战，包括开发新的频谱资源、解决能源效率问题以及确保网络安全和隐私保护。

惊人的事实

太赫兹波拥有更高的能量密度和信息承载力，但相比 5G 和 Wi-Fi 中使用的微波（约 2-30GHz）更难绕过障碍物，且因在空间中的传播距离远小于 5G 电磁波，因而需要更多 6G 基站来维持通信。

未来趋势

6G 标志着通信技术向更加综合、智能化的方向发展。未来的通信将不仅仅是连接人与人，更是连接人与机器，以及机器与机器的技术。

▼将来 6G 会被用于空间通信、智能交互、触觉互联网、情感和触觉交流、多感官混合现实、机器间协同、全自动交通等场景

光纤通信：数据的高速传输

光纤通信技术的发展代表了数据传输技术的重大进步，它使大量数据能够以光速传输，支撑起现代互联网和全球通信网络的骨干。它的出现，不仅仅是一次技术革新，更是现代通信史上的一次革命。

光纤通信的原理

光纤通信依赖于光纤，光纤是一种能够以极高速度传输光信号的媒介，具有更高的带宽、更远的传输距离和更低的信号衰减。它通过光脉冲来传输数据，这些光脉冲在光纤内部以接近光的速度传播。

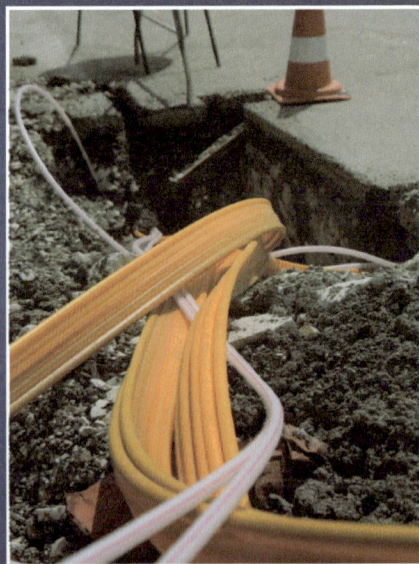

▲ 光纤多半埋在地下

光纤通信之父

高锟（Charles Kuen. Kao）被誉为"光纤通信之父"。1966 年，高锟和他的同事乔治·霍克姆（George Hockham）提出了使用光纤作为通信媒介的理念。他的另一个重要贡献是发现了光纤中的高纯度玻璃可以极大地减少信号损耗，从而实现远距离传输，这一发现是光纤通信能够实用化的关键。

光纤网络的应用

光纤网络已被广泛应用于互联网、电视广播和电话服务，能够支持高清视频流、大规模在线服务和云计算等数据密集型应用。

▶在长距离及大量传输的场合中，光纤的优势更为明显。

连接大陆的高速通道

海底光纤电缆横跨海底，连接着不同大陆和国家，构成了全球互联网的主要骨干。海底光纤电缆利用光信号传输数据，相比传统的铜缆，它们提供了更高的传输速度和更大的数据容量。

你知道吗？

光纤通信的主要优势是什么？
A. 更低的成本
B. 长距离无损的数据传输
C. 更高的安全性
D. 简单的安装过程

答案：B

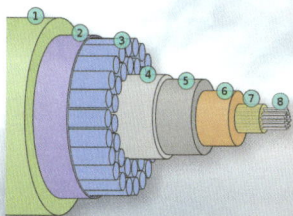

▶典型海底光缆的结构解析：1.聚乙烯外皮；2.聚酯树酯或沥青层；3.钢绞线层；4.铝制防水层；5.聚碳酸酯层；6.铜管或铝管；7.石蜡、烷烃层；8.光纤束。

Wi-Fi技术：无线网络的便捷

Wi-Fi技术的普及，在通信技术的画卷上添上了浓墨重彩的一笔。在 Wi-Fi 的覆盖下，互联网不再受限于缠绕的线缆和固定的位置，变得无处不在，随时可及，我们身边的每一个角落都能轻松连接到这个虚拟的世界。

▼具备 Wi-Fi 功能的设备可以从一个或多个（互联）接入点（称之为热点）连接到网络，组成一个小到几个间房间，大到数平方公里范围的上网空间。

▲公共 Wi-Fi

◀ Wi-Fi 路由器

公共 Wi-Fi 热点

在全球范围内，城市的咖啡馆、图书馆、机场和公园等公共场所常设有免费的 Wi-Fi 热点，为市民和游客提供无线网络接入服务。这些热点使人们能够在移动中轻松连接到互联网，进行网页浏览、电子邮件交流或社交媒体互动。

Wi-Fi 的基本原理

Wi-Fi 是一种无线网络技术，它允许电子设备通过无线信号连接到一个局域网或互联网。Wi-Fi 网络通常由一个无线路由器提供，设备通过无线电波与路由器连接。

Wi-Fi 的普及

随着智能手机、平板电脑和笔记本电脑的普及，Wi-Fi 成为了家庭和公共场所常见的通信方式。它提供了灵活的上网方式，支持了无线办公、在线学习和智能家居等多种应用。

▲融入 Wi-Fi 技术的智能建筑能够和互联网相连接，人们通过互联网实现家电控制、防盗报警等多种操作。

Wi-Fi 技术的发展

Wi-Fi 技术不断进步，新一代 Wi-Fi 标准（如 Wi-Fi 6）提供了更快的速度、更广的覆盖范围和更高的数据容量。

▲无线网络的发展方向之一就是"万有无线网络技术"，也就是将各种不同的无线网络统一在单一的设备下。

蓝牙技术：短距离无线通信

蓝牙技术，作为一种短距离无线通信技术，在我们的日常生活中悄然扮演着一位革新者的角色。这项技术，使得数据交换变得轻而易举。无需繁琐的线缆，只需一个简单的点击或触摸，即可实现设备间的通信和数据共享。

智能穿戴设备

智能穿戴设备，如智能手表和健康追踪器，是蓝牙技术的一个典型应用实例。这些设备通过蓝牙技术与智能手机或其他智能设备无缝连接，传输数据和接收指令。例如，用户可以通过智能手表接收通知、控制音乐播放，或者同步健康数据至手机上的应用程序。蓝牙技术的低功耗特性使得这些穿戴设备能够长时间运行，而无需频繁充电。

◀同步数据

▲智能手表

◀蓝牙音箱

▼两台手机之间通过蓝牙连接，能轻松实现文件共享。

蓝牙的工作原理

蓝牙使用无线电波在短距离内（通常在 10 米左右）连接设备，它允许兼容的设备之间进行数据交换，例如手机、耳机、计算机和智能手表。

蓝牙技术的应用

蓝牙广泛应用于各种日常设备中。它不仅用于无线耳机和扬声器，还用于智能家居设备、汽车无线连接系统以及健康和健身追踪器。

▲ 车载蓝牙

▲ 通过蓝牙可以和附近的设备任意相连

蓝牙技术的演进

随着技术的发展，蓝牙标准不断升级，提高了传输速度、延伸了连接距离，并改善了能源效率。例如，蓝牙 5.0 可以提供更快的传输速度和更远的工作距离。

▼ 蓝牙 5.0 针对低功耗设备，有着更广的覆盖范围和更快的传输速度。

NFC 技术：近场通信的应用

近场通信（NFC）技术允许设备在咫尺之间进行无声的对话，得益于快速、便捷、安全的特性，NFC 技术在日常生活的各个领域中逐渐成为一种受欢迎和信赖的通信方式。

▲支持 NFC 的设备的 N-Mark 徽标

NFC 的基本原理

NFC 建立在射频识别（RFID）技术之上，通过磁场感应在设备间进行数据传输。NFC 提供了一种无缝的用户体验，用户只需将设备靠近 NFC 标签或另一台设备即可完成操作，这种快速和直观的交互方式为我们的生活提供了更多的便捷性。

NFC 的应用领域

NFC 技术主要用于简短的信息交换，如支付信息或电子身份信息验证等，在无接触支付、门禁控制、公共交通卡以及简化蓝牙配对等场景中应用最为广泛。特别是在智能手机普及的今天，NFC 功能使得移动支付变得更加简单快捷。

▼ NFC 卡模式在商场刷卡支付、公交乘车、门禁控制、车站和景区出入等领域应用广泛

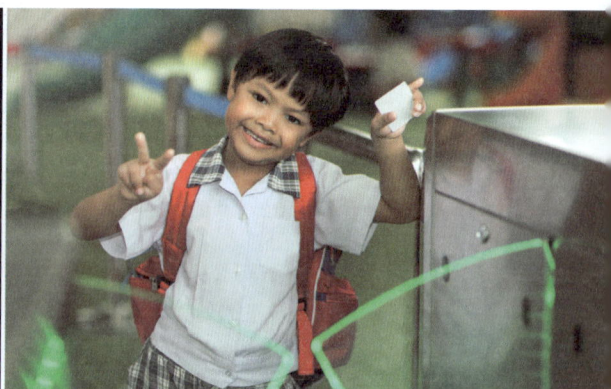

触摸即付

在全球范围内，越来越多的零售商和服务提供商支持使用 NFC 技术进行无接触支付。消费者仅需将配备 NFC 功能的智能手机或支付卡靠近 POS 机，即可快速完成交易，无需物理刷卡或输入密码。这种支付方式不仅提高了结账的效率，也增强了支付的安全性。

▲ NFC 非接触式移动支付

NFC 的安全性

虽然 NFC 仅在短距离内工作，但它仍然包含各种安全机制，如加密和安全认证，以保护敏感数据，确保敏感数据在未被授权的情况下无法被访问。

▼ NFC 芯片内置了 SE 安全模块，对外提供安全运算服务，保障数据存储及交易过程的安全性。

惊人的事实

NFC 技术的一个有趣应用是"智能海报"，用户只需将手机靠近海报上的 NFC 标签，就可以获取更多信息或观看相关视频。

GPS 系统：全球定位技术

全球定位系统（GPS）是一种广泛使用的定位技术，它允许用户在全球范围内准确地确定自己的位置。无论是在繁忙的城市街道，还是在偏远的乡村小径，它都能告诉我们精确的位置，指引着我们前往目的地。

司机的好帮手

在如今的汽车中，GPS 导航系统已成为标准配置之一。它利用卫星定位技术，为驾驶者提供准确的位置信息和路线指引。用户只需输入目的地，GPS 系统便能规划出最佳路线，并通过语音或视觉提示引导驾驶。此外，许多 GPS 系统还能提供实时交通状况，帮助驾驶者避开拥堵路段。

▲ GPS 可以为地球表面绝大部分地区提供准确的定位、测速和高精度的标准时间

GPS 的工作原理

GPS 系统由地球轨道上的一系列卫星组成，这些卫星不断向地面发送信号。在用智能手机导航时，手机中的 GPS 接收器会通过接收来自至少四颗卫星的信号，进而计算车辆或船舶所处的精确位置。

◀ GPS 系统主要由空间星座部分、地面监控部分和用户设备部分组成

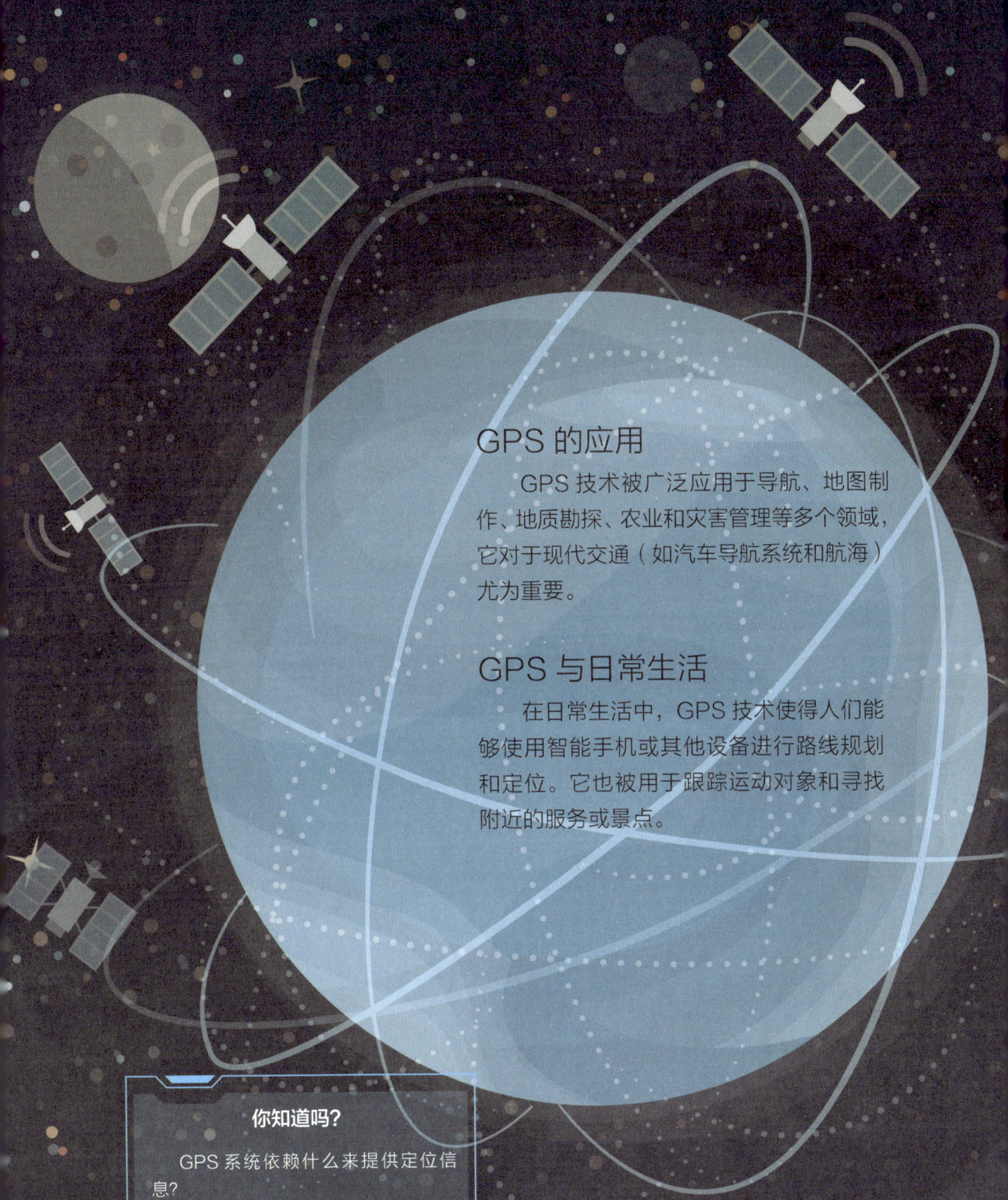

GPS 的应用

　　GPS 技术被广泛应用于导航、地图制作、地质勘探、农业和灾害管理等多个领域，它对于现代交通（如汽车导航系统和航海）尤为重要。

GPS 与日常生活

　　在日常生活中，GPS 技术使得人们能够使用智能手机或其他设备进行路线规划和定位。它也被用于跟踪运动对象和寻找附近的服务或景点。

你知道吗?

　　GPS 系统依赖什么来提供定位信息?
- A. 地面基站
- B. 互联网连接
- C. 卫星网络

答案：C

▲ GPS 可以提供全天候服务，不容易受天气的影响，测站间也无需进行通信，还可以移动定位。

社交媒体：新时代的通信方式

社交媒体的兴起代表了通信方式的一次重大变革，它使人们能够以前所未有的方式分享信息、进行互动和建立联系。它的出现，极大地丰富了人类的社交生态，使信息的传播变得更加快速和广泛。

▼社交媒体是人们用来创作、分享、交流意见、观点及经验的虚拟社区和网络平台

社交媒体的世界

在社交媒体的世界里，每个人都可以是信息的传播者、互动的参与者和关系的建立者。这些平台就像是一个个虚拟的广场，人们在这里分享生活的点滴，发表思想和观点，互相交流和互动，甚至建立起跨越地理界限的友谊和合作。

深远的影响

社交媒体改变了人们获取和分享信息的方式。它促进了个人间的互动，打破了地理和文化的界限，将全球用户连接在一起，使人们能够即时了解世界各地的新闻和事件。

▲ 新兴社交媒体，多出现在网络上，内容可由用户选择或编辑。

惊人的事实

最早的社交媒体网站之一是"六度"（SixDegrees），它于1997年上线，允许用户创建个人资料和添加朋友。

网络上的通信平台

社交媒体是一种基于互联网的通信平台，允许用户创建、分享内容或参与社交网络，包括社交网站、博客平台、即时消息应用和在线社区。

社交媒体的挑战

随着社交媒体的普及，也出现了一些问题，如隐私泄露、网络欺凌和虚假信息的传播。这些问题需要用户、平台运营商和政府共同努力解决。

网络安全：保护信息安全

在这个日益数字化的世界里，网络安全如同一道坚固的屏障，成为了维护个人和组织信息安全的核心战场。随着网络技术的蓬勃发展，加强网络安全就如同在波涛汹涌的大海中筑起一座防波堤，保护着我们宝贵的数据和隐私不受侵袭。

▲网络安全包含设备安全、信息安全、软件安全

▼黑客

网络安全的重要性

网络安全涉及保护计算机系统、网络和数据免受数字攻击、损害或未经授权的访问。无论在个人还是企业和政府层面，网络安全都是保护敏感数据和维护隐私的关键。

网络威胁五花八门

网络威胁可以采取多种形式，包括病毒、木马、勒索软件、钓鱼攻击和数据泄露。随着黑客技术的发展，这些威胁变得更加复杂和难以防范。

网络安全策略

为了防御这些潜在的威胁，个人和组织采取各种安全措施，如使用防火墙、安全协议、加密技术和定期更新系统。安全意识的提高也是防御网络攻击的重要部分。随着技术的进步，例如物联网和云计算的普及，网络安全也面临着新的挑战。

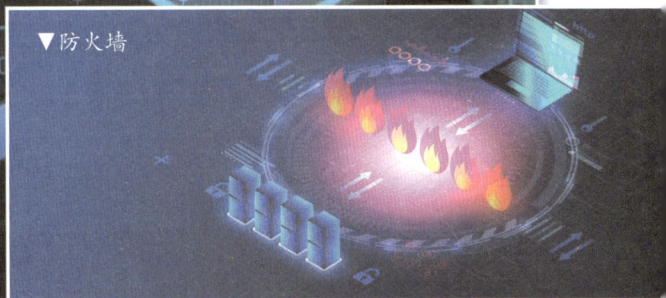

▲ 静态密码

▲ 动态密码

你知道吗？

加强网络安全的目的是什么？
A. 加速数据传输
B. 保护数据免受未经授权的访问和篡改
C. 提高网站流量
D. 提升用户体验

答案：B

▼ 防火墙

防火墙

作为网络安全的基础设施之一，防火墙的主要功能是监控和控制进入或离开网络系统的数据流。它根据预定的安全规则，过滤流量，阻止未授权的访问和潜在的网络攻击。在企业和个人计算机环境中，防火墙扮演着至关重要的角色，保护内部网络免受外部威胁。

人工智能在通信中的应用

人工智能（AI）在通信领域的应用日益增多，它不仅提高了通信技术的效率和智能性，还开创了全新的通信方式。在 AI 的助力下，通信系统变得更加智能和灵活。

AI 的优势

人工智能可以预测网络流量，自动优化路由（路由指通过互联的网络把信息从源地址传输到目的地址的活动）等。同时，AI 也在开创着全新的通信方式，如通过语音识别和自然语言处理技术，使机器能够更加自然地与人类交流。

AI 在通信中的角色

人工智能可以分析大量数据，优化网络性能，预测维护需求，并在实时通信中提供个性化服务。通过分析通信网络中的数据流，AI 可以帮助运营商更好地理解流量模式，优化资源分配，并预测未来需求。

▲ AI 语言处理

▲ AI 数据分析

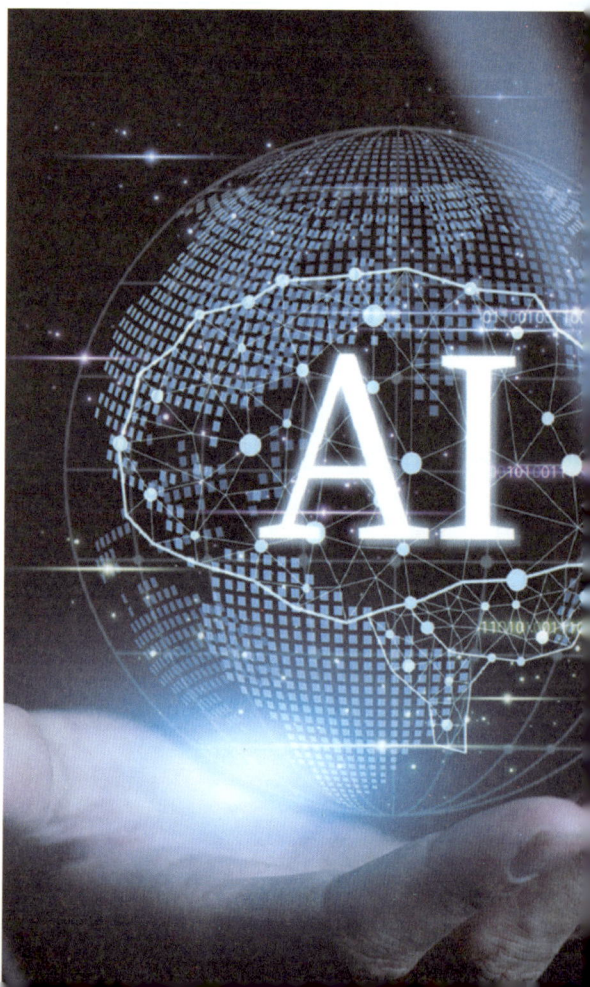

AI 在客户服务中的作用

AI 驱动的聊天机器人和虚拟助手正在改变客户服务的面貌。它们能够快速响应客户查询，并提供个性化的帮助。在很多情况下，智能客服助手可以解决常见问题，甚至在复杂情境中引导用户与人工客服人员对话。

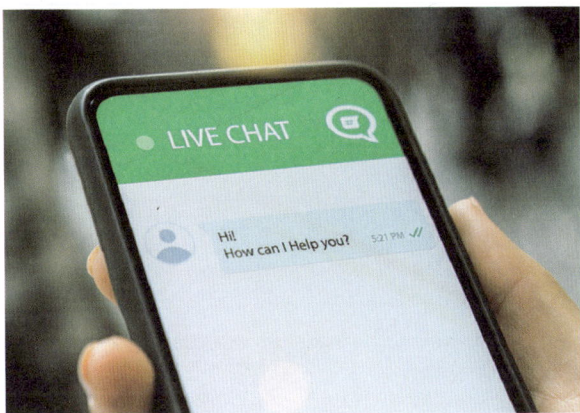

▲ AI 客服

AI 的挑战和前景

尽管 AI 在通信领域有着巨大潜力，但它也带来了技术和道德上的挑战，如数据隐私保护和算法透明度。未来，AI 预计将在通信领域扮演更加核心的角色。

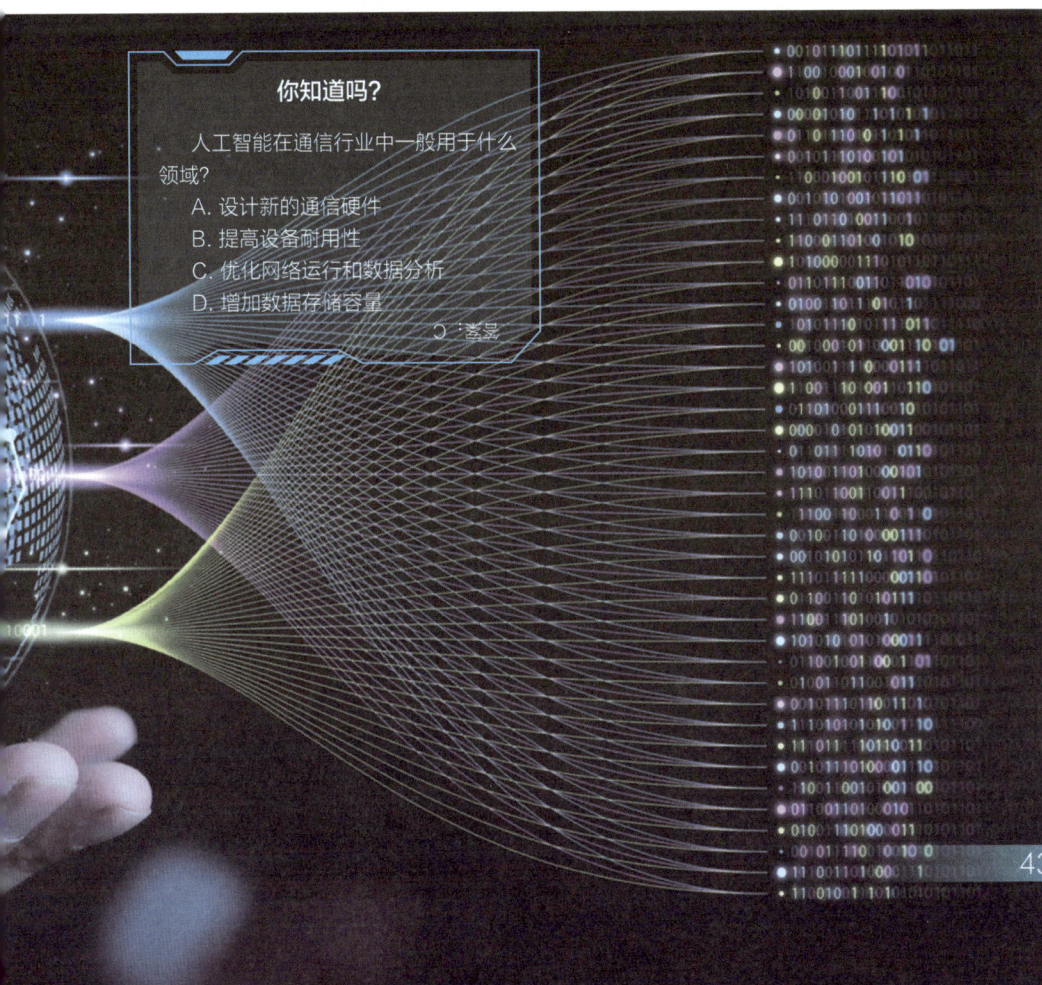

你知道吗？

人工智能在通信行业中一般用于什么领域？
A. 设计新的通信硬件
B. 提高设备耐用性
C. 优化网络运行和数据分析
D. 增加数据存储容量

答案：C

物联网：设备的互联互通

物联网（Internet of Things，缩写：IoT）是一个将日常物品和设备通过互联网连接起来的概念，在物联网的影响下，我们周围的世界变得更加智能和高效。这一切的变化，都归功于物联网的默默运作。它不仅提升了效率和功能性，更为我们的决策带来了前所未有的智能支持。

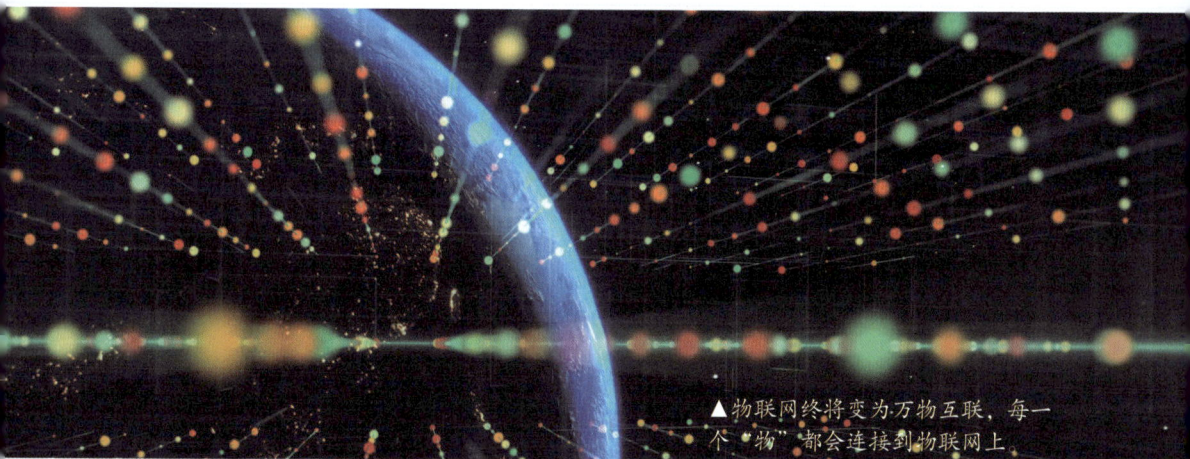

▲物联网终将变为万物互联，每一个"物"都会连接到物联网上

主要组成部分

物联网依赖于嵌入式系统、传感器、通信技术和互联网连接。这些技术使设备之间能够互相通信和互动，甚至在没有人类干预的情况下作出智能决策。

▲物联网在智慧城市的建设中应用更广泛

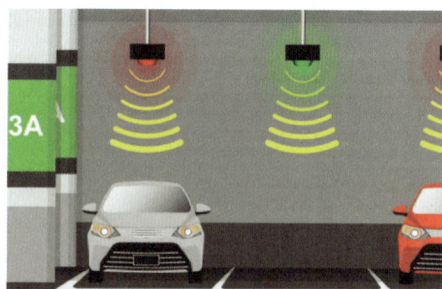

▲智能停车管理

应用领域众多

物联网技术被应用于智能家居、工业自动化、智慧城市、医疗保健等多个领域。例如，智能恒温器可以学习用户的偏好并自动调节居室温度。

智能控制系统　照明系统　电路管理系统　设备控制　智能恒温器

安保系统

智能门禁

智能浴室设备

智能车库

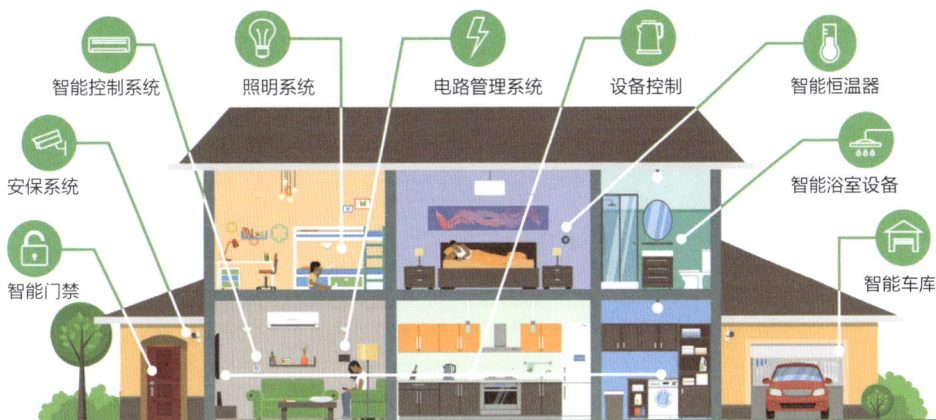

▲ 智能家庭通过物联网技术将家中各种设备连接到一起，并为家庭提供家电控制、照明控制、暖通控制、防盗报警等多种服务。

智能家居系统

在智能家居系统中，家用设备如电灯、恒温器、安全摄像头和娱乐设备通过互联网相互连接和通信。用户可以通过智能手机或语音助手远程控制这些设备，实现家居自动化和智能化。例如，用户离家时可以远程调整家中的温度，或者通过手机应用监控家中的安全情况等。

物联网带来的变革

物联网的发展使得日常物品变得"智能化"，能够提供更加个性化和自动化的服务。在工业领域，物联网技术正推动着第四次工业革命。

▼ 工业物联网最终会将传统工业提升到智能化的新阶段

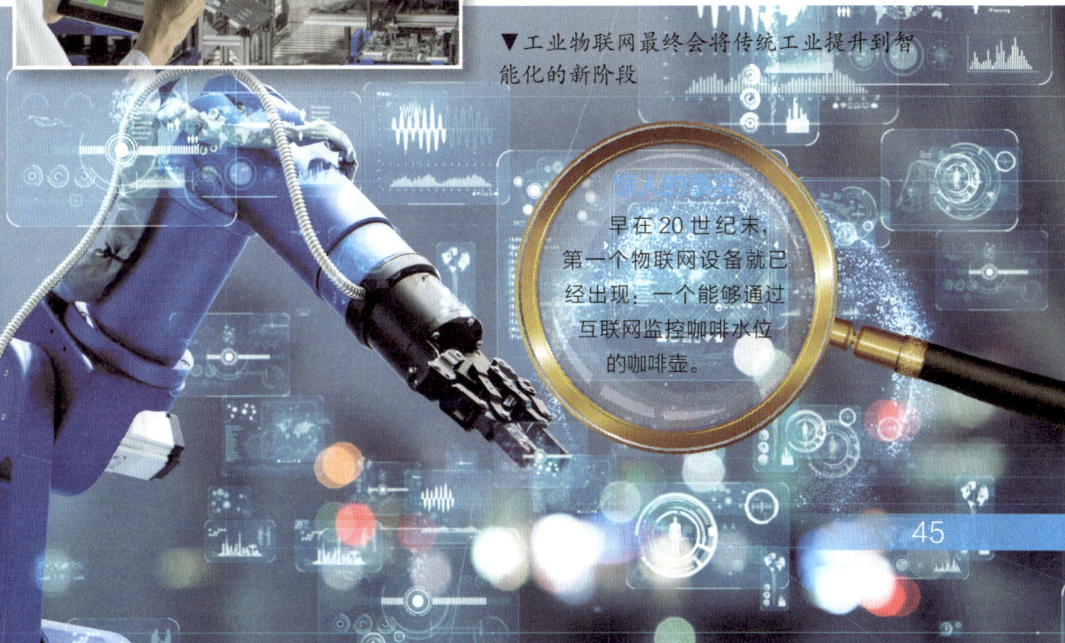

早在 20 世纪末，第一个物联网设备就已经出现：一个能够通过互联网监控咖啡水位的咖啡壶。

无人机与通信技术

近些年，无人机技术发展迅猛，无人机的应用领域也越来越广泛。你有没有注意过无人机是如何实现与操控者之间的通信联络的？反过来思考，无人机技术的发展，又对今天的通信技术起到了怎样的促进作用呢？

无人机的信号组合

无人机的信号传输主要包括遥控图传信号和定位导航信号。一般情况下，无人机有一个自带的天地之间的信号传播频段，主要用来遥控和拍摄图片、视频，以及上传图片、视频。定位导航用的通常是 GPS 或北斗系统的信号。

首选无线电信号

无人机传输数据和进行通信的方式主要有无线电、Wi-Fi 和运营商公网三种，通常会首选无线电，其次是 Wi-Fi，最后是运营商公网。这是因为在无人机的飞行高度范围内，移动运营商的网络信号往往覆盖不到，因此很少采用运营商公网。

▼无人机装备 GPS 后，可与侦察卫星和有人驾驶侦察机配合使用，形成高、中、低空，多层次、多方位的立体空中侦察监视网。

◀无人机大多以无线电或 Wi-Fi 遥控

无人机信号传输的特点

无人机信号传输的特点：数据量大，延迟要求低。由于无人机是便携设备，它的功率不可能非常大，所以传输功耗必须要小，然而事实上无人机经常要飞出去很远执行任务，这与功耗小相互矛盾，这也是无线电传输最难管控的地方。

应急通信救援

无人机应急通信系统主要包括4G/5G蜂窝通信设备和无人机平台，以及卫星、微波、地面光纤链路等多种回传组成的端到端通信系统，可用于灾后地区的紧急通信，解决受损基站覆盖率不足、传输链路中断等问题。

▲ 5G技术可以支持无人机视频回传，并为VR直播提供助力。

无线电频谱与频率分配

无线电频谱就如同空气中无形的旋律，由无线电波的各种频率组成。每一个频率，都像是一条不可见的线，承载着信息的流动和传递。这些不同的频率范围，共同构成了通信技术的基础和骨架。

无线电频谱的重要性

无线电频谱主要用于广播、移动通信、卫星传输和导航系统等领域。由于频谱资源有限，因此需要仔细管理和分配，以避免干扰并优化使用效率。

频率分配的原则

频率分配通常由国家或国际机构负责，如国际电信联盟（ITU），分配的原则包括确保公平使用、防止干扰和支持新技术的发展。

▲国际电信联盟主要任务是制定标准，分配无线电资源，组织各个国家之间的国际长途互连方案。

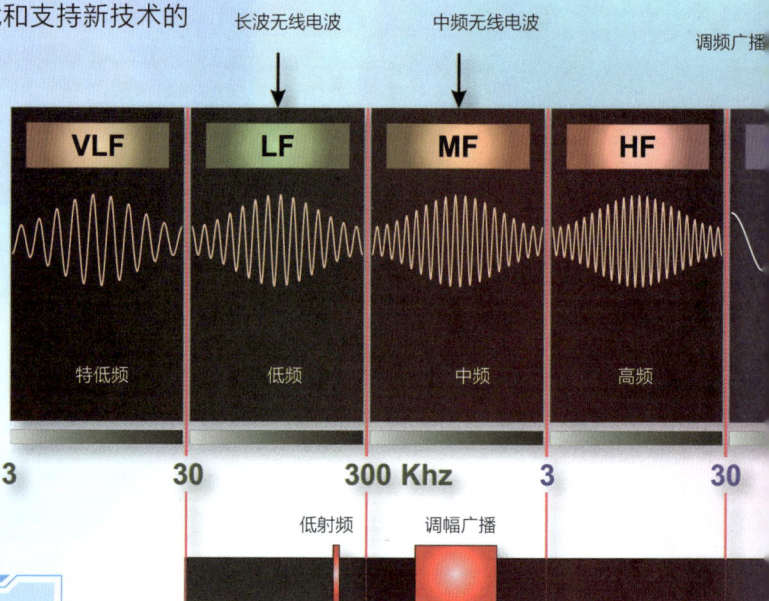

长波无线电波		中频无线电波		调频广播
VLF	LF	MF	HF	
特低频	低频	中频	高频	

| 3 | 30 | 300 Khz | 3 | 30 |

低射频　调幅广播

300MHz　474MHz

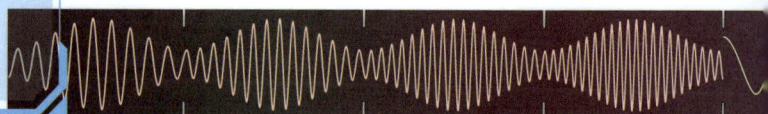

48

在不同应用中的使用

　　不同的通信服务需要不同的频率范围。例如，广播电视使用一组频率，而移动通信则使用另一组频率，卫星通信通常使用更高的频率。

FM 与 AM 广播

　　FM 广播使用无线电频谱中的特定频率范围来传输高质量的音频信号。与 AM（调幅）广播相比，FM 具有更好的信号质量、更清晰的音质。无线电管理机构负责为各个广播电台分配特定的频率，以避免信号干扰，确保听众能够接收到清晰、稳定的广播内容。

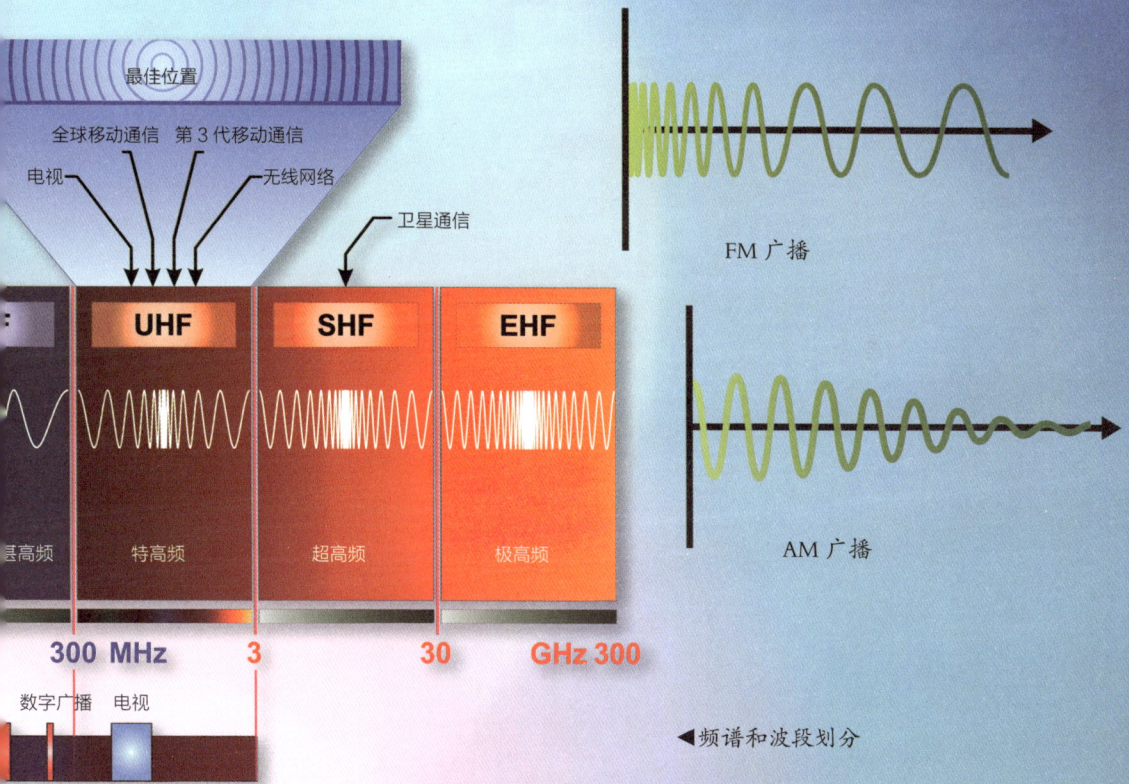

最佳位置

全球移动通信　第 3 代移动通信

电视

无线网络

卫星通信

| UHF | SHF | EHF |

特高频　　　　超高频　　　　极高频

300 MHz　　　**3**　　　　**30**　　　**GHz 300**

数字广播　电视

FM 广播

AM 广播

◀频谱和波段划分

.60　4G　2G　　2G EE4G　3G　　4G

874MHz　880-960 MHz　　1710-1880 MHz　1900-2170 MHz　2.6GHz　3GHz

频谱管理面临的挑战

　　随着无线通信需求的增加，频谱管理面临越来越多的挑战。这包括处理新兴技术的需求（如 5G 网络），以及解决频谱拥挤和干扰问题。

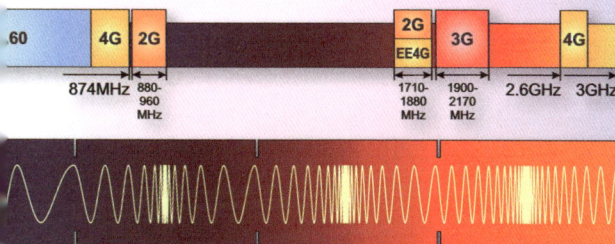

数字电视与广播技术

在数字技术的浪潮中，传统的模拟电视和广播正逐渐驶向数字化的新港湾。数字电视和广播不仅提升了画面和声音的质量，更如同开启了一个全新的频道宇宙，提供了更多样化的编程选择。

数字广播技术的视觉革命

与传统的模拟电视相比，高清电视通过数字广播技术提供更高分辨率的画面和更优质的声音效果。这一技术的应用是电视广播从模拟向数字转变的重要步骤，极大地提升了观看体验。高清电视能够展现更丰富的细节和更真实的色彩，为观众带来近乎真实的视觉感受。

▲数字电视从演播室到发射、传输、接收的所有环节都是使用数字电视信号，与模拟电视相比较，其信号损失小，接收效果好。

数字电视的优势

相比于模拟电视，数字电视提供了更清晰的图像和声音，以及更高的信号传输效率。其数字格式允许压缩更多的频道进入同一广播频谱，因而能够提供更多的节目选择。

▶ 数字电视传输过程

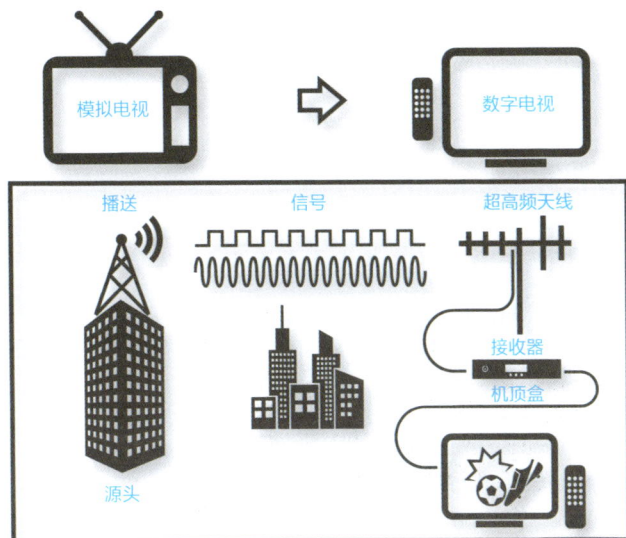

模拟电视 → 数字电视

播送　　　信号　　　超高频天线

接收器

机顶盒

源头

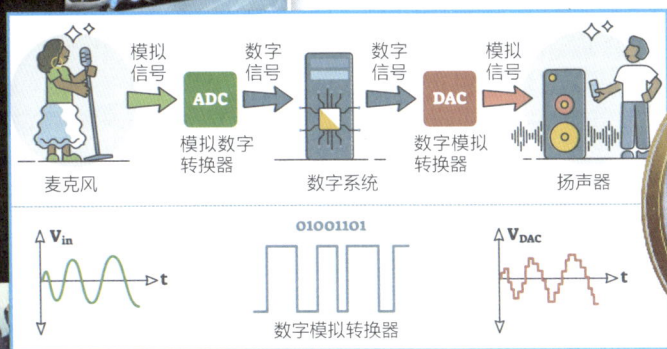

模拟信号 → ADC 模拟数字转换器 → 数字信号 → 数字系统 → 数字信号 → DAC 数字模拟转换器 → 模拟信号 → 扬声器

麦克风

V_{in}　　　01001101　　　V_{DAC}

数字模拟转换器

数字广播技术

数字广播技术（如 DAB）同样提供了更清晰的声音和更多的广播服务。此外，它还允许传输文本和图像信息，如歌曲标题和新闻更新。

从模拟到数字的转变

这一转变涉及广泛的技术和基础设施升级，包括转播站的数字化和家庭接收设备的更换。许多国家已经完成或正在进行这一转变。未来的数字电视和广播可能会进一步融合互联网技术，提供更多交互式和定制化的视听体验。

电子邮件的演变

自从电子邮件发明以来，它已经成为全球通信的一个重要组成部分。从最初的简单文本消息到如今的多媒体和互动功能，电子邮件的演变反映了数字通信技术的发展。

▲世界上第一封电子邮件是在这张照片中的两台机器之间发送的。左边的是电传打字机 KSR-33 终端，上面打印了世界上第一封电子邮件。

世界上最早的电子邮件

电子邮件的概念可以追溯到 20 世纪 60 年代末，最初用于 ARPANET 上的用户之间的通信。1971 年，世界上第一封电子邮件发出，标志着现代电子邮件系统的诞生。

电子邮件的发展

随着互联网的普及和技术的发展，电子邮件系统变得越加复杂，功能也越加丰富。现代电子邮件不仅支持文本，还包括图像、链接、附件以及丰富的格式设置。

▲电子邮件界面

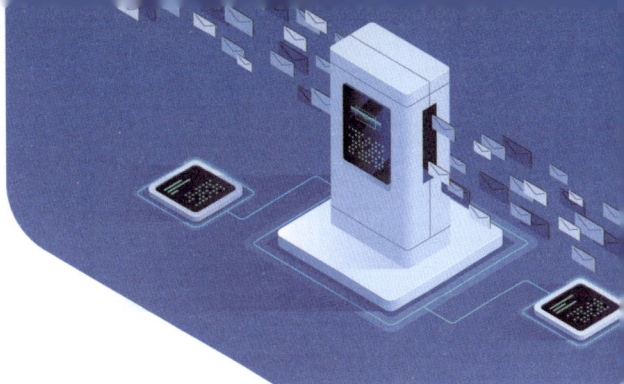

电子邮件与商业通信

在商业领域，电子邮件是沟通、协作和营销的关键工具。它促进了全球业务的沟通，无论是在内部协作还是客户关系管理方面，电子邮件都提供了极大的便利。

◀电子邮件的使用是商业通信的第一次"e化革命"

不断升级

起初，电子邮件仅仅是简单的文字交流，但随着时间的推移，它逐渐融入了丰富的多媒体元素，如图片、视频甚至交互链接，使得交流变得更为生动和立体。每一次的更新和升级，都反映了人类通过技术的力量，让沟通变得更加快捷、高效和多元化的不断努力。

▼电子邮件的内容可以是文字、图像、声音等多种形式

XLS

DOC

JPG

PSD

AVI

通信协议：语言的规则

通信协议是通信双方对通信系统传输信息时涉及的数据格式、同步方式、传送方式、检查和纠错方式等应遵循的规则和标准进行的约定。它们是确保信息准确、高效传输的关键，在通信协议的指导下，每一条信息都能找到正确的路径，顺畅地到达目的地。

通信协议的作用

通信协议定义了数据如何被分割、传输、检测和校正。没有这些共同的规则和标准，不同设备和系统之间的通信将变得困难甚至不可能。在网络中，协议确保信息在复杂的网络路径中正确传输，无论是本地网络还是跨国的连接。

要素组成

通信协议主要由以下三个要素组成：语法，即如何通信，包括数据的格式、编码和信号等级（电平的高低）等；语义，即通信内容，包括数据内容、含义以及控制信息等；定时规则（时序），即何时通信，明确通信的顺序、速率匹配和排序。

▼网络传输协议

常见的通信协议

TCP/IP 是一组用于实现网络通信的协议族，它是互联网的基础协议，可分为网络层、传输层和应用层三个层次，其中网络层由 IP（网际协议）协议等组成，传输层由 TCP（传输控制协议）协议等组成，FTP（文件传输协议）/SFTP（安全文件传输协议）、HTTP（用于网页浏览）、SMTP（用于电子邮件传输）协议等则都属于 TCP/IP 协议族中的应用层协议，用来接收来自传输层的数据或者按不同应用要求与方式将数据传输至传输层。

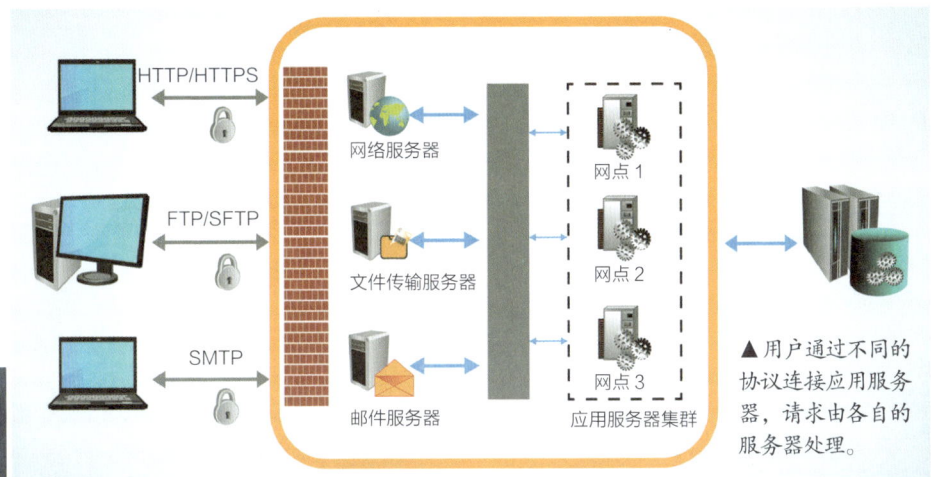

▲ 用户通过不同的协议连接应用服务器，请求由各自的服务器处理。

▲ TCP/IP 通信协议

惊人的事实

TCP/IP 协议最初是为了在美国国防高级研究计划署（DARPA）的网络项目中使用，后来成为了整个互联网通信的基础。

通信协议的发展

随着技术的发展，新的通信协议被不断开发出来，以支持更快速的数据传输、更高的安全性和新兴的通信需求。

展望未来的通信技术

　　随着科技的不断进步，未来的通信技术将带来更多创新和变革，从提高速度和效率到实现全新的交互方式，未来的通信将更加智能、互联和无处不在。在这个即将到来的时代里，通信不仅会更快、更高效，还将融入更多智能元素。

下一代网络技术

　　未来的网络技术将提供更快的传输速度和更低的延迟，支持更加广泛和复杂的应用，比如智能城市、物联网和超高清视频流等。

▶智能城市

▲物联网将现实世界数字化，应用范围广泛。

量子通信

　　量子通信可能会带来革命性的安全通信方式，利用量子纠缠和量子密钥分发，它能提供几乎不可能被破解的通信信道。

◀量子密钥

▲机器学习

人工智能和机器学习

　　人工智能和机器学习的进一步融合将使通信系统更加智能和自适应。这些技术可以用于优化网络管理、提高服务质量和创造个性化的用户体验等方面。

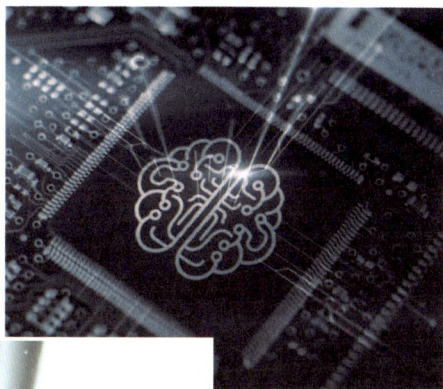

虚拟现实和增强现实

　　虚拟现实和增强现实技术将继续改变我们的通信方式，提供沉浸感和互动感更强的用户体验，用于远程工作、教育和娱乐。

▲人工智能

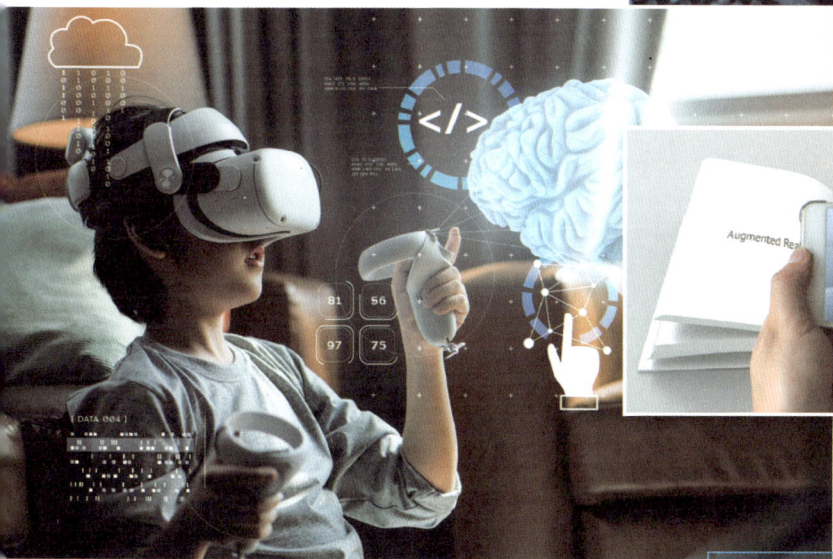

▲增强现实让虚拟世界与现实世界场景能够进行结合与交互

▲虚拟现实是利用电脑模拟产生一个三维空间的虚拟世界，通过姿势追踪和 3D 显示器，使用户能够获得沉浸式体验。

可持续和环保的通信

　　随着对环境问题的关注日益增加，未来的通信技术也将朝着更加可持续和环保的方向发展，包括使用更高效的设备和减少能源消耗。

你知道吗？

　　未来通信技术的一个可能的发展趋势是什么？
　　A. 逐渐淘汰无线通信
　　B. 返回传统纸质通信
　　C. 无缝集成和更高的数据传输速度
　　D. 减少全球互联网覆盖

答案：C